LIZARDO REINA CASTRO

AGRICULTURA DE CONSERVACIÓN

LIZARDO REINA CASTRO

AGRICULTURA DE CONSERVACIÓN

Claves para una Agricultura Sostenible y Resiliente

Editorial Académica Española

Publisher:
Editorial Académica Española
is a trademark of
Dodo Books Indian Ocean Ltd. and OmniScriptum S.R.L publishing group

120 High Road, East Finchley, London, N2 9ED, United Kingdom
Str. Armeneasca 28/1, office 1, Chisinau MD-2012, Republic of Moldova, Europe
Managing Directors: Ieva Konstantinova, Victoria Ursu
info@omniscriptum.com

Printed at: see last page
ISBN: 978-620-0-03885-2

Agricultura de Conservación

Claves para una Agricultura Sostenible y Resiliente

Por: LIZARDO REINA CASTRO

ÍNDICE

Bienvenido/a:

En el umbral de un nuevo paradigma agrícola, la Agricultura de Conservación emerge como una respuesta innovadora y esperanzadora a los desafíos ambientales y productivos que enfrentan los agricultores contemporáneos. Esta aproximación integral no representa simplemente una técnica, sino una filosofía profunda de interacción con los ecosistemas agrícolas, donde cada acción está meticulosamente diseñada para preservar, restaurar y potenciar los recursos naturales.

La agricultura tradicional, con sus prácticas intensivas de labranza y monocultivo, ha demostrado ser insostenible a largo plazo. Los suelos degradados, la pérdida de biodiversidad y el agotamiento de recursos hídricos son testimonios silenciosos de un modelo productivo que ha priorizado los rendimientos inmediatos sobre la salud del ecosistema. En contraste, la Agricultura de Conservación propone una visión sistémica y holística, donde la producción agrícola y la conservación ambiental no son conceptos antagónicos, sino complementarios.

Los principios fundamentales de esta aproximación se centran en tres pilares estratégicos: la mínima alteración del suelo, la cobertura permanente y la diversificación de cultivos. Cada uno de estos elementos actúa como un engranaje fundamental en la compleja maquinaria de la sostenibilidad agrícola. La labranza mínima permite conservar la estructura del suelo, preservando su microbiología y reduciendo significativamente la erosión. La cobertura vegetal permanente funciona como un escudo protector que regula la temperatura, retiene la humedad y previene la pérdida de nutrientes. Mientras tanto, la diversificación de cultivos promueve un equilibrio dinámico que fortalece la resiliencia del sistema agrícola.

Los beneficios de esta metodología trascienden lo puramente productivo. Desde una perspectiva ambiental, la Agricultura de Conservación actúa como un poderoso mecanismo de mitigación del cambio climático. La captura de carbono en el suelo, la reducción de emisiones por menor uso de maquinaria y la promoción de la biodiversidad representan contribuciones significativas a la salud planetaria.

Para los agricultores, especialmente aquellos de pequeña y mediana escala, esta aproximación significa una transformación radical en su relación con la tierra. No se trata solo de producir alimentos, sino de ser custodios de ecosistemas vivos y dinámicos. La inversión inicial en conocimiento y adaptación de técnicas puede parecer desafiante, pero los beneficios económicos a mediano y largo plazo son sustanciales: reducción de costos operativos, mejora en la calidad del suelo y mayor estabilidad productiva.

La implementación de la Agricultura de Conservación requiere un enfoque contextualizado. Cada territorio, con sus características climáticas, edafológicas y culturales únicas, demanda estrategias específicas. No existe un modelo universal, sino principios adaptables que deben ser interpretados y aplicados localmente con sensibilidad y conocimiento profundo.

La educación y la transferencia de conocimientos juegan un rol crítico en esta transición. Agricultores, investigadores, extensionistas y comunidades deben tejer redes de colaboración que permitan el intercambio de experiencias, la experimentación participativa y la construcción colectiva de saberes. Solo mediante un diálogo horizontal y respetuoso será posible escalar estas prácticas y transformar estructuralmente los sistemas alimentarios.

En el horizonte de la Agricultura de Conservación se vislumbra una promesa: la posibilidad de reconciliar la producción agrícola con la integridad de los ecosistemas. Una agricultura que no extrae, sino que regenera; que no compite, sino que colabora; que no agota, sino que nutre.

Capítulo 1 - Introducción a la Agricultura de Conservación

Fuente: Agricultura de Conservación. Equipartes Agrícolas (2017)

En el contexto actual de la agricultura global, la Agricultura de Conservación emerge como una respuesta innovadora y fundamental para abordar los desafíos ambientales y productivos que enfrentan los agricultores contemporáneos. Esta aproximación holística no solo representa una estrategia de producción, sino una verdadera revolución en la forma de comprender la interacción entre la actividad agrícola y los ecosistemas naturales.

La mejora de la calidad del suelo constituye uno de los beneficios más significativos de la adopción de estas prácticas sostenibles. Al abandonar las técnicas tradicionales de labranza intensiva, los agricultores logran preservar la estructura natural del suelo, reduciendo drásticamente los procesos de degradación y erosión. La conservación de la materia orgánica y la promoción de la vida microbiana en el suelo generan un impacto directo en su fertilidad y capacidad productiva.

El desarrollo de sistemas de agricultura de conservación permite una recuperación progresiva de las propiedades físicas, químicas y biológicas del suelo. Mediante la implementación de coberturas vegetales permanentes y la rotación estratégica de cultivos, se genera un microclima que favorece la actividad de microorganismos benéficos, mejorando la capacidad de retención de nutrientes y agua.

La optimización de recursos hídricos representa otro beneficio crucial de esta metodología agrícola. Las técnicas de conservación reducen significativamente la evaporación y mejoran la infiltración del agua en el perfil del suelo. Esta característica resulta especialmente relevante en regiones con precipitaciones limitadas o ecosistemas propensos a sequías recurrentes.

La implementación de sistemas de agricultura de conservación permite una gestión más eficiente del recurso hídrico, disminuyendo la dependencia de sistemas de riego tradicionales y aumentando la resiliencia de los cultivos frente a condiciones climáticas adversas. La cobertura permanente del suelo actúa como un escudo natural que minimiza la evaporación y mantiene la humedad en niveles óptimos para el desarrollo de los cultivos.

Desde una perspectiva económica, estos beneficios se traducen en una reducción significativa de costos operativos para los agricultores. La disminución en la necesidad de maquinaria agrícola pesada, el menor consumo de insumos como fertilizantes químicos y la optimización del uso del agua representan ventajas competitivas importantes.

Los impactos positivos no se limitan al ámbito productivo, sino que se extienden al ecosistema en su conjunto. La preservación de la biodiversidad del suelo, la reducción de la contaminación por escorrentía y la disminución de la huella de carbono son contribuciones fundamentales de la agricultura de conservación a la sostenibilidad ambiental.

Para los agricultores latinoamericanos, esta metodología ofrece una oportunidad única de adaptación a los crecientes desafíos del cambio climático. La capacidad de mantener sistemas productivos resilientes en territorios con condiciones ambientales cada vez más complejas representa una estrategia de supervivencia y desarrollo para las comunidades rurales.

La transformación hacia prácticas de agricultura de conservación requiere un proceso gradual de capacitación, experimentación y adaptación. No se trata simplemente de implementar técnicas, sino de desarrollar una nueva comprensión filosófica de la relación entre la producción agrícola y los ecosistemas naturales.

El diseño de un sistema agrícola sostenible es un proceso complejo que requiere un análisis profundo y una planificación estratégica, considerando múltiples variables que interactúan dinámicamente en el ecosistema agrícola. La sostenibilidad no se logra mediante la aplicación de recetas únicas, sino a través de un enfoque integral y adaptativo que comprenda las particularidades de cada contexto productivo.

La evaluación inicial del territorio constituye el primer paso fundamental. Esta etapa implica un diagnóstico exhaustivo que involucra múltiples dimensiones: características topográficas, composición del suelo, régimen de precipitaciones, temperaturas promedio, biodiversidad presente y condiciones socioeconómicas de la región. Cada uno de estos elementos proporciona información crítica para construir un sistema agrícola que no solo sea productivo, sino también resiliente y armónico con el entorno.

El análisis del suelo representa un componente central en este proceso. La caracterización detallada incluye parámetros como textura, estructura, pH, contenido de materia orgánica, capacidad de retención de nutrientes y presencia de microorganismos. Estos indicadores revelan la salud del ecosistema y permiten diseñar estrategias de intervención precisas que favorezcan la regeneración y conservación del suelo.

La zonificación agroecológica emerge como una herramienta metodológica esencial. Permite segmentar el territorio según sus potencialidades y limitaciones, identificando áreas específicas para diferentes tipos de cultivos, corredores de biodiversidad, zonas de recuperación y espacios destinados a la conservación. Esta aproximación facilita una distribución óptima de los recursos y minimiza el impacto ambiental de las actividades productivas.

La selección de cultivos constituye otro elemento estratégico. Se requiere privilegiar especies adaptadas a las condiciones locales, con capacidad de generar sinergias positivas y contribuir a la diversificación productiva. La implementación de sistemas de policultivo y asociatividad vegetal permite maximizar la eficiencia del uso del suelo, reducir la dependencia de insumos externos y fortalecer la resiliencia del agroecosistema.

Las prácticas culturales juegan un rol fundamental en la configuración de sistemas agrícolas sostenibles. La rotación de cultivos, la implementación de cultivos de cobertura, el manejo integrado de plagas y la minimización de labranza emergen como estrategias clave para mantener el equilibrio ecológico. Estas aproximaciones no solo mejoran la productividad, sino que también contribuyen a la conservación de la biodiversidad y la restauración de los procesos naturales.

La integración de conocimientos tradicionales con técnicas científicas contemporáneas representa una aproximación sinérgica y prometedora. Las comunidades locales poseen un acervo de saberes ancestrales que, combinados con metodologías de investigación participativa, pueden generar innovaciones adaptativas significativas para cada contexto productivo.

La planificación debe contemplar también dimensiones socioeconómicas. Un sistema agrícola sostenible requiere considerar las necesidades y capacidades de las comunidades involucradas, generando modelos que promuevan la seguridad alimentaria, el desarrollo económico local y la dignificación del trabajo agrícola.

La implementación de tecnologías de monitoreo y evaluación continua permite realizar ajustes oportunos, transformando el sistema en un organismo dinámico y adaptable. El uso de herramientas como sensores remotos, sistemas de información geográfica y metodologías de investigación participativa facilita la comprensión integral de la evolución del agroecosistema.

Un diseño agrícola sostenible no es un punto de llegada, sino un proceso de mejora continua que demanda flexibilidad, apertura al aprendizaje y compromiso con la conservación de los ecosistemas. La construcción de estos sistemas representa un desafío complejo pero fundamental para garantizar la seguridad alimentaria y la preservación de los recursos naturales en un contexto de cambio climático y creciente presión sobre los territorios agrícolas.

Capítulo 2 - Diseño de un Sistema Agrícola Sostenible

Fuente: 3 modelos de agricultura sostenible. (2023)

En el diseño de sistemas agrícolas sostenibles, la comprensión profunda de los elementos locales se convierte en un factor crítico para garantizar el éxito de la implementación de prácticas agrícolas conservacionistas. Cada territorio posee características únicas que condicionan directamente las estrategias de producción, por lo que es fundamental realizar una evaluación integral y contextualizada.

El clima representa el primer elemento fundamental en este análisis. La región determina parámetros como temperatura, precipitación, radiación solar y patrones estacionales, que influyen directamente en la selección de cultivos y técnicas de manejo. Por ejemplo, en zonas tropicales con alta precipitación, las estrategias de conservación de suelo requieren enfoques diferentes comparados con regiones áridas o semiáridas.

La caracterización climática implica un análisis detallado que va más allá de promedios generales. Se requiere estudiar series históricas de datos meteorológicos, identificar tendencias de cambio climático y comprender la variabilidad estacional. Esta información permite diseñar sistemas agrícolas adaptados que minimicen riesgos y optimicen la producción.

El tipo de suelo constituye otro componente esencial en la planificación agrícola sostenible. La composición física, química y biológica determina la capacidad productiva y las limitaciones de cada territorio. Un análisis comprehensivo debe contemplar aspectos como:

- Textura y estructura

- Contenido de materia orgánica

- PH y niveles de nutrientes

- Capacidad de retención de humedad

- Profundidad efectiva

- Pendiente y topografía

Mediante técnicas como mapeo geoespacial y muestreos sistematizados, los agricultores pueden obtener información precisa sobre las condiciones edáficas. Esta caracterización permite implementar estrategias específicas de mejoramiento, como incorporación de materia orgánica, corrección de pH o prácticas de conservación que fortalezcan la estructura del suelo.

Las prácticas culturales locales representan un tercer elemento fundamental. Cada comunidad agrícola desarrolla conocimientos tradicionales transmitidos generacionalmente, que constituyen un patrimonio invaluable de adaptación. La agricultura de conservación no busca reemplazar estos saberes, sino complementarlos con enfoques científicos modernos.

La integración de conocimientos locales con tecnologías innovadoras permite diseñar sistemas más resilientes. Por ejemplo, comprender los ciclos tradicionales de siembra, las variedades locales resistentes y las técnicas de manejo ancestrales proporciona información fundamental para la planificación.

El análisis holístico de estos factores requiere un enfoque participativo que involucre directamente a los productores. Las metodologías de investigación-acción participativa facilitan la co-creación de estrategias adaptadas, generando soluciones contextualizadas y promoviendo el empoderamiento comunitario.

La evaluación integral de clima, suelo y prácticas culturales permite diseñar sistemas agrícolas sostenibles que maximizan la producción mientras conservan los recursos naturales. Este proceso no es estático, sino dinámico, requiriendo monitoreo continuo y adaptación permanente a las condiciones cambiantes.

Las estrategias de conservación del suelo representan un pilar fundamental en la agricultura sostenible, constituyendo un conjunto de prácticas técnicas y metodológicas que buscan preservar la integridad y fertilidad de este recurso natural crítico. La implementación efectiva de estas técnicas no solo mitiga los procesos de degradación, sino que también potencia la capacidad productiva de los ecosistemas agrícolas.

La labranza mínima emerge como una de las técnicas más significativas en este contexto. Esta práctica revolucionaria consiste en reducir al mínimo la manipulación mecánica del suelo, minimizando la alteración de su estructura natural. Al mantener los residuos de cultivos anteriores sobre la superficie, se genera una capa protectora que previene la erosión, conserva la humedad y promueve la actividad biológica del suelo.

Los mecanismos de protección asociados a la labranza mínima son múltiples. La cobertura vegetal actúa como un escudo natural contra los agentes erosivos, disminuyendo el impacto directo de la lluvia y el viento sobre el terreno. Además, los residuos orgánicos en descomposición incrementan progresivamente el contenido de materia orgánica, mejorando la estructura y porosidad del suelo.

La rotación de cultivos se configura como otra estrategia fundamental en la conservación del suelo. Esta práctica implica alternar diferentes tipos de cultivos en una misma parcela durante distintas temporadas, aprovechando los beneficios de la diversificación. Cada cultivo aporta y extrae diferentes nutrientes, equilibrando la composición química del suelo y reduciendo la presión sobre un mismo perfil nutricional.

Los beneficios de la rotación incluyen la disrupción de ciclos de plagas y enfermedades, la mejora en la estructura del suelo y el aumento de la biodiversidad microbiológica. Los cultivos de cobertura, especialmente las leguminosas, juegan un papel crucial al fijar nitrógeno atmosférico y enriquecer naturalmente el sustrato.

Los sistemas de terrazas y barreras vivas constituyen técnicas complementarias de conservación de suelos en zonas con pendientes pronunciadas. Estas estructuras físicas reducen la velocidad del agua durante escorrentías, previniendo la pérdida de suelo fértil y facilitando su retención. Las barreras vivas, compuestas por especies vegetales estratégicamente distribuidas, añaden valor al incorporar elementos de biodiversidad.

La agricultura de conservación reconoce la importancia de mantener un enfoque holístico. La preservación del suelo no se limita a intervenciones técnicas, sino que requiere una comprensión profunda de los procesos ecológicos y una planificación integral que considere las características específicas de cada ecosistema.

La implementación exitosa de estas técnicas demanda conocimiento especializado, adaptación local y un compromiso continuo con principios de sostenibilidad. Los agricultores se convierten así en custodios activos de un recurso fundamental, desarrollando prácticas que garantizan la productividad presente sin comprometer las capacidades de las generaciones futuras.

La inversión en conservación del suelo no solo representa una estrategia ambiental, sino también una decisión económicamente inteligente que optimiza los rendimientos agrícolas a largo plazo, reduciendo la dependencia de insumos externos y fortaleciendo la resiliencia de los sistemas productivos.

Capítulo 3 - Técnicas de Conservación del Suelo

Fuente: Técnicas de conservación del suelo agrícola. Grupo SPAG (s.f.)

La cobertura del suelo es un elemento fundamental en la conservación y salud de los ecosistemas agrícolas, constituyendo una estrategia crucial para mitigar los procesos erosivos y mantener la integridad de los terrenos productivos. Esta práctica no solo protege la superficie del suelo, sino que también genera múltiples beneficios ecológicos y agronómicos que transforman radicalmente la dinámica de producción tradicional.

Cuando hablamos de cobertura del suelo, nos referimos a la presencia de materiales orgánicos, vegetación muerta o viva que recubre la superficie terrestre, actuando como un escudo natural contra los agentes erosivos. La erosión representa uno de los mayores desafíos en la agricultura contemporánea, provocando pérdidas significativas de suelo fértil y comprometiendo la capacidad productiva de los terrenos agrícolas.

Los mecanismos de protección que ofrece la cobertura son varios y complementarios. En primer lugar, intercepta directamente el impacto de las gotas de lluvia, reduciendo su energía cinética y disminuyendo la desagregación de partículas de suelo. Esta función es particularmente relevante en zonas con precipitaciones intensas o con pendientes pronunciadas, donde el riesgo erosivo es más elevado.

Adicionalmente, la cobertura vegetal incrementa la infiltración del agua, mejorando sustancialmente la retención de humedad y disminuyendo la escorrentía superficial. Este proceso no solo beneficia la conservación del suelo, sino que también optimiza el aprovechamiento de los recursos hídricos, permitiendo una mayor disponibilidad de agua para los cultivos.

La diversidad de materiales utilizables como cobertura es amplia, desde residuos de cosechas anteriores hasta cultivos de cobertura específicamente sembrados con este propósito. Cultivos como la avena, la vicia, el centeno o las leguminosas pueden funcionar estratégicamente como coberturas vivas, aportando beneficios adicionales como la fijación de nitrógeno y la mejora de la estructura del suelo.

La materia orgánica generada por estas coberturas incrementa la actividad biológica, promoviendo ecosistemas microbianos complejos y dinámicos. Los microorganismos descomponen gradualmente los residuos, liberando nutrientes de manera progresiva y mejorando las condiciones fisicoquímicas del suelo.

El impacto de la cobertura se extiende más allá de la prevención erosiva. Regula la temperatura del suelo, creando microclimas más estables que protegen los sistemas radiculares de fluctuaciones extremas. Durante periodos de calor intenso, actúa como un aislante natural, reduciendo la evaporación y manteniendo la humedad.

Las comunidades agrícolas que implementan estrategias de cobertura observan beneficios tangibles: menor dependencia de insumos externos, mayor resiliencia frente a condiciones climáticas adversas y una productividad más estable a largo plazo. La inversión inicial en implementar estas prácticas se traduce en ganancias económicas y ambientales significativas.

Sin embargo, la adopción de coberturas requiere conocimiento técnico y adaptación contextual. Cada ecosistema presenta características específicas que demandan estrategias personalizadas, considerando factores como clima, tipo de suelo, cultivos predominantes y disponibilidad de recursos.

La educación y transferencia tecnológica se vuelven herramientas esenciales para masificar estas prácticas. Los agricultores necesitan comprender no solo cómo implementar coberturas, sino también interpretar sus beneficios ecosistémicos y económicos.

Las técnicas de captación y uso eficiente del agua representan un componente estratégico fundamental en la agricultura de conservación, constituyendo un elemento crítico para garantizar la sostenibilidad y resiliencia de los sistemas productivos agrícolas. Comprender integralmente el ciclo hidrológico y diseñar estrategias que optimicen cada gota de agua se convierte en un desafío prioritario para los agricultores contemporáneos.

La gestión hídrica eficiente comienza con una comprensión profunda de las características hidrogeológicas del territorio. Cada región presenta particularidades específicas que condicionan la disponibilidad y distribución del recurso hídrico, por lo que es fundamental realizar un diagnóstico detallado que considere variables como precipitación, escorrentía, infiltración y potencial de almacenamiento.

Los sistemas de cosecha y conservación de agua emergen como herramientas fundamentales en este contexto. Las terrazas de infiltración, los sistemas de captación de agua de lluvia, los reservorios y las zanjas de conservación se configuran como infraestructuras estratégicas que permiten retener y aprovechar de manera óptima el recurso hídrico. Estas estructuras no solo almacenan agua, sino que también contribuyen significativamente a prevenir la erosión y mejorar la recarga de acuíferos subterráneos.

Los sistemas de riego tecnificado representan otra línea de intervención crucial. Las metodologías de riego por goteo, microaspersión y riego presurizado permiten una distribución extremadamente precisa del agua, minimizando pérdidas por evaporación y optimizando la eficiencia en la aplicación del recurso. Estas tecnologías pueden reducir el consumo hídrico hasta en un 60% comparado con métodos tradicionales de riego por inundación.

La selección de cultivos adaptados a condiciones de disponibilidad hídrica limitada constituye otro elemento estratégico. Las variedades con alta tolerancia a la sequía, desarrolladas mediante técnicas de mejoramiento genético, representan alternativas fundamentales para garantizar la producción agrícola en escenarios de cambio climático y variabilidad hidrometereológica.

El monitoreo tecnológico del balance hídrico emerge como una herramienta de gestión avanzada. Sensores de humedad del suelo, estaciones meteorológicas automáticas y sistemas de información geográfica permiten realizar un seguimiento preciso de los flujos y disponibilidad de agua, facilitando la toma de decisiones en tiempo real.

La implementación de prácticas agroecológicas complementarias potencia significativamente la gestión hídrica. La incorporación de materia orgánica, el mantenimiento de coberturas vegetales y la promoción de sistemas de labranza mínima mejoran sustancialmente la capacidad de retención de humedad en los suelos, reduciendo la dependencia de aportes hídricos externos.

La gestión integrada del recurso hídrico requiere necesariamente un enfoque sistémico que trascienda los límites prediales. La coordinación entre diferentes actores del territorio, incluyendo comunidades, organizaciones productivas y autoridades ambientales, se vuelve fundamental para desarrollar estrategias de manejo sostenible que garanticen el equilibrio entre las necesidades productivas y la conservación de ecosistemas.

El cambio climático introduce complejidades adicionales en la gestión hídrica, exigiendo capacidad de adaptación y resiliencia. La implementación de estrategias flexibles, el desarrollo de sistemas de alerta temprana y la promoción de la diversificación productiva se configuran como respuestas necesarias ante escenarios crecientes de incertidumbre hidroclimática.

Capítulo 4 - Manejo Eficiente del Agua

Fuente: ¿Cómo mejorar el uso eficiente del agua en la agricultura? Revista Economía (2023).

El ciclo del agua representa un componente fundamental en los sistemas agrícolas sostenibles, constituyendo un elemento crítico para comprender la interacción entre los recursos hídricos, la producción agrícola y la conservación ambiental. La evaluación integral de este ciclo permite a los agricultores desarrollar estrategias más eficientes y resilientes para el manejo del agua en sus sistemas productivos.

En primer término, es esencial reconocer la complejidad del ciclo hidrológico en los contextos agrícolas. Este proceso dinámico involucra múltiples etapas de transformación y movimiento del agua, desde la precipitación hasta la infiltración, escorrentía, evapotranspiración y recarga de acuíferos. Cada una de estas fases tiene implicaciones directas sobre la productividad agrícola y la conservación de los ecosistemas.

La comprensión detallada de los flujos hídricos permite implementar técnicas de gestión más precisas. Por ejemplo, el análisis de patrones de precipitación, tasas de infiltración y niveles de evaporación facilita el diseño de sistemas de riego más eficientes. Estas estrategias no solo optimizan el uso del agua, sino que también contribuyen significativamente a la conservación de este recurso vital.

Las prácticas agrícolas tradicionales frecuentemente han alterado negativamente el ciclo natural del agua. La compactación del suelo, la deforestación y las técnicas intensivas de labranza reducen la capacidad de infiltración y aumentan la erosión hídrica. En contraste, la agricultura de conservación propone metodologías que restauran y protegen los mecanismos naturales de circulación del agua.

La cobertura vegetal juega un papel fundamental en este proceso. Las plantas actúan como reguladoras del ciclo hídrico, facilitando la retención de humedad, disminuyendo la evaporación y mejorando la infiltración. Las estrategias de cultivo de coberturas, rotación de cultivos y mantenimiento de residuos vegetales en el suelo contribuyen directamente a una gestión más sostenible del agua.

Los sistemas de captación y almacenamiento representan otro aspecto crucial. Las técnicas de cosecha de agua, como terrazas, zanjas de infiltración y reservorios, permiten aprovechar eficientemente los recursos hídricos disponibles. Estas infraestructuras no solo mitigan los efectos de sequías, sino que también reducen la presión sobre fuentes hídricas tradicionales.

La evaluación del balance hídrico se convierte en una herramienta indispensable para los agricultores. Mediante el uso de tecnologías como sensores de humedad, estaciones meteorológicas y modelado computacional, es posible obtener información precisa sobre las dinámicas hídricas locales. Estos datos facilitan la toma de decisiones informadas respecto al riego, siembra y manejo de cultivos.

La conservación de cuencas hidrográficas emerge como un elemento estratégico en esta perspectiva. La protección de zonas de recarga, la reforestación de riberas y el mantenimiento de corredores ecológicos contribuyen directamente a la regulación del ciclo del agua. Estas acciones trascienden los límites de las propiedades agrícolas, generando beneficios ecosistémicos más amplios.

Las comunidades agrícolas están cada vez más conscientes de la importancia de estos enfoques. La implementación de prácticas que armonizan la producción con la conservación del agua representa un cambio de paradigma fundamental para lograr sistemas agrícolas más resilientes y sostenibles.

La biodiversidad representa un componente fundamental en los sistemas agrícolas sostenibles, constituyéndose como un pilar esencial para la resiliencia y el equilibrio ecológico. En este contexto, la agricultura de conservación no solo busca mantener la productividad agrícola, sino también preservar y potenciar la variedad de especies que interactúan en los ecosistemas agrícolas.

La diversidad biológica en los sistemas agrarios se manifiesta a través de múltiples dimensiones. A nivel del suelo, una rica comunidad de microorganismos, insectos y organismos invertebrados desempeña funciones críticas en los procesos de descomposición, ciclaje de nutrientes y mantenimiento de la estructura del suelo. Estas comunidades microbianas actúan como verdaderos ingenieros ecosistémicos, facilitando la disponibilidad de nutrientes y mejorando la capacidad de absorción de las plantas.

En la superficie, la diversificación de cultivos emerge como una estrategia clave para promover la biodiversidad. La implementación de sistemas de rotación y asociación de cultivos permite crear hábitats más complejos y dinámicos. Estas prácticas no solo reducen la presión sobre especies específicas, sino que también generan entornos más resilientes frente a plagas y enfermedades.

Los corredores biológicos y las zonas de amortiguamiento representan otro elemento fundamental. Mediante la preservación de espacios naturales adyacentes a las áreas de cultivo, se generan refugios para polinizadores, depredadores naturales y especies que cumplen roles ecológicos estratégicos. Estas zonas funcionan como verdaderos laboratorios vivos, donde la interacción entre diferentes especies mantiene el equilibrio del ecosistema.

La conservación de la agrobiodiversidad implica también preservar variedades locales y especies nativas adaptadas a condiciones específicas. Estas variedades, producto de procesos de selección tradicional, poseen características únicas de resistencia a condiciones climáticas adversas y capacidad de adaptación. Su preservación no solo garantiza la seguridad alimentaria, sino que constituye un patrimonio genético invaluable.

El manejo integrado de plagas emerge como una aproximación ecológica que aprovecha la biodiversidad como herramienta de control. En lugar de depender de químicos, se promueve el equilibrio natural mediante el fomento de depredadores naturales y la disrupción de ciclos reproductivos de organismos plaga. Esta estrategia reduce significativamente el impacto ambiental y los costos asociados al control fitosanitario.

Los sistemas agroforestales representan un modelo paradigmático de integración biodiversa. Al combinar árboles, cultivos y eventualmente especies ganaderas, se generan ecosistemas multiestrato con alta complejidad ecológica. Estas configuraciones maximizan la captura de carbono, mejoran la retención de humedad y generan múltiples servicios ecosistémicos.

La participación de comunidades locales y pueblos originarios resulta fundamental en la conservación de la biodiversidad agrícola. Sus conocimientos tradicionales, transmitidos intergeneracionalmente, representan un acervo de prácticas que han mantenido la diversidad genética y los equilibrios ecológicos durante siglos.

La biodiversidad no puede comprenderse como un elemento estático, sino como un sistema dinámico en constante transformación. Cada intervención humana genera impactos que deben ser evaluados sistémicamente, considerando la complejidad de las interacciones ecológicas.

La agricultura de conservación se consolida, así como un enfoque holístico, donde la biodiversidad deja de ser un elemento marginal para convertirse en el eje central de la producción agrícola sostenible.

Capítulo 5 - La Biodiversidad en la Agricultura

Fuente: ¿Qué beneficios aporta la biodiversidad de cultivos? Los enlaces de la vida (s.f.)

La biodiversidad constituye un elemento fundamental en los sistemas agrícolas sostenibles, representando mucho más que un simple componente ambiental. En el contexto de la agricultura de conservación, la diversidad biológica se consolida como una estrategia integral que fortalece la resiliencia de los ecosistemas agrícolas, optimizando la producción y preservando el equilibrio ecológico.

Las prácticas para promover la biodiversidad implican una transformación profunda en la concepción tradicional de la agricultura. No se trata simplemente de aumentar la variedad de especies, sino de comprender las interacciones complejas entre diferentes organismos y su entorno. Esta visión sistémica permite diseñar espacios agrícolas donde cada elemento cumple una función específica y complementaria.

Una estrategia primordial es la implementación de sistemas de policultivo y rotación de cultivos. Estas técnicas no solo diversifican la producción, sino que también interrumpen los ciclos de plagas y enfermedades, reduciendo la dependencia de agroquímicos. Por ejemplo, intercalar leguminosas con cereales permite la fijación natural de nitrógeno, mejorando la fertilidad del suelo y disminuyendo la necesidad de fertilizantes sintéticos.

Los corredores biológicos representan otro mecanismo crucial para incrementar la biodiversidad. Mediante la creación de franjas con vegetación nativa entre áreas de cultivo, se generan hábitats para polinizadores, depredadores naturales de plagas y microorganismos benéficos. Estas zonas actúan como verdaderos ecosistemas de amortiguamiento, regulando naturalmente el equilibrio poblacional de diferentes especies.

El manejo integrado de plagas se configura como una herramienta fundamental para promover la biodiversidad. En lugar de eliminar sistemáticamente los insectos, se busca comprender su rol en el ecosistema y establecer estrategias de control biológico. La introducción de depredadores naturales, el uso de trampas con feromonas y la promoción de plantas repelentes son ejemplos de técnicas que respetan el equilibrio ecológico.

La conservación de la agrobiodiversidad implica también preservar variedades locales y tradicionales de cultivos. Estas especies, adaptadas históricamente a condiciones específicas, poseen una resistencia genética única que puede ser crucial frente a cambios climáticos y nuevas presiones ambientales. Los bancos de semillas comunitarios y los programas de intercambio de germoplasma son instrumentos vitales para este propósito.

La implementación de estas estrategias requiere un enfoque participativo que involucre a comunidades locales, agricultores e investigadores. El conocimiento tradicional, combinado con avances científicos, permite desarrollar soluciones contextualizadas que responden a las particularidades de cada ecosistema.

La biodiversidad en la agricultura no representa un lujo, sino una necesidad estratégica para garantizar la seguridad alimentaria y la sostenibilidad ambiental. Cada acción orientada a fortalecer la diversidad biológica se traduce en sistemas productivos más resilientes, capaces de adaptarse a escenarios cambiantes y mantener su capacidad productiva a largo plazo.

El Manejo Integrado de Plagas (MIP) representa una estrategia fundamental para garantizar la sostenibilidad en los sistemas agrícolas modernos. Este enfoque holístico trasciende los métodos tradicionales de control de plagas, integrando múltiples perspectivas científicas y ecológicas que buscan minimizar el impacto ambiental mientras se mantiene la productividad agrícola.

La esencia del MIP radica en comprender profundamente los ecosistemas agrícolas y sus dinámicas complejas. No se trata simplemente de eliminar plagas, sino de establecer un equilibrio ecológico que reduzca naturalmente la presión de los organismos nocivos. Para lograrlo, los agricultores deben desarrollar una comprensión integral de los ciclos de vida de las especies, sus interacciones y los factores que influyen en su proliferación.

Las estrategias de implementación del MIP incluyen diversos componentes complementarios. En primer lugar, se encuentra el monitoreo sistemático y preventivo, que implica inspecciones regulares de los cultivos para identificar tempranamente cualquier indicio de desequilibrio. Estas evaluaciones permiten detectar potenciales focos de infestación antes de que se conviertan en problemas mayores, facilitando intervenciones precisas y menos invasivas.

La identificación científica de especies es crucial en este proceso. Los agricultores deben capacitarse para reconocer no solo las plagas, sino también sus depredadores naturales y los organismos benéficos que contribuyen al control biológico. Esta diferenciación permite implementar estrategias selectivas que protejan la biodiversidad del sistema agrícola.

Los métodos de control dentro del MIP son multidimensionales. Se priorizan técnicas como la introducción de enemigos naturales, el uso de trampas biológicas, la manipulación del hábitat para desalentar plagas y el empleo de variedades vegetales resistentes. Los pesticidas químicos se consideran un último recurso, utilizándose únicamente cuando resulta estrictamente necesario y en las mínimas cantidades posibles.

La dimensión económica del MIP también resulta significativa. Aunque inicialmente puede requerir mayores inversiones en capacitación y monitoreo, a largo plazo reduce sustancialmente los costos asociados al control de plagas. La disminución del uso de agroquímicos implica menores gastos en insumos y una reducción de los riesgos para la salud de agricultores y consumidores.

La implementación efectiva del MIP demanda un enfoque interdisciplinario. Los agricultores necesitan formación continua en ecología, entomología aplicada y técnicas de manejo sostenible. Las instituciones educativas y los centros de investigación juegan un papel fundamental en la generación y transferencia de conocimientos que permitan una adopción progresiva de estas prácticas.

Las tecnologías digitales y de sensado remoto están transformando las capacidades de monitoreo y control de plagas. Sistemas de detección temprana basados en inteligencia artificial, drones para mapeo de cultivos y aplicaciones móviles especializadas están democratizando el acceso a herramientas avanzadas de diagnóstico y gestión.

La adaptabilidad representa otro principio fundamental del MIP. Cada ecosistema agrícola es único, por lo que las estrategias deben diseñarse considerando las condiciones locales específicas: clima, tipo de suelo, cultivos predominantes y biodiversidad presente No existen soluciones universales, sino aproximaciones contextualizadas que requieren experimentación y mejora continua.

La cooperación entre agricultores, investigadores, extensionistas y comunidades locales resulta indispensable para expandir la adopción del Manejo Integrado de Plagas. Solo mediante un trabajo colaborativo y una visión compartida de sostenibilidad será posible transformar progresivamente los modelos de producción agrícola hacia esquemas más resilientes y armónicos con los ecosistemas naturales.

Capítulo 6 - Prácticas de Manejo Integrado de Plagas

Fuente: ¿Cómo identificar una plaga? (2022)

El Manejo Integrado de Plagas (MIP) representa una revolución fundamental en las estrategias agrícolas contemporáneas, transformando radicalmente la forma en que los agricultores abordan el control de organismos nocivos en sus cultivos. A diferencia de los métodos tradicionales basados en la aplicación indiscriminada de pesticidas químicos, el MIP emerge como un enfoque holístico, científicamente fundamentado y profundamente sostenible.

Los beneficios ambientales del MIP son inmediatamente perceptibles y de gran alcance. Al reducir significativamente la dependencia de agroquímicos sintéticos, se disminuye dramáticamente la contaminación de ecosistemas agrícolas. Los pesticidas convencionales no solo afectan a las plagas objetivo, sino que generan daños colaterales extensos: destrucción de poblaciones de insectos benéficos, contaminación de aguas subterráneas y superficiales, degradación de la biodiversidad del suelo y riesgos para la salud humana.

El MIP introduce una perspectiva ecológica integral, donde el control de plagas se realiza mediante estrategias multimodales. En lugar de eliminar sistemáticamente todos los organismos, se busca mantener sus poblaciones bajo umbrales económicamente tolerables, preservando simultáneamente el equilibrio del ecosistema. Esta aproximación implica comprender profundamente las interacciones entre especies, ciclos biológicos y condiciones ambientales.

Desde una perspectiva económica, el MIP demuestra ser significativamente más eficiente que las prácticas tradicionales. La reducción en el uso de pesticidas químicos representa un ahorro directo para los agricultores, disminuyendo los costos de insumos. Además, al preservar la salud del ecosistema agrícola, se garantiza una mayor estabilidad productiva a largo plazo, minimizando riesgos de pérdidas por degradación ambiental.

Las estrategias centrales del MIP incluyen métodos preventivos, como la selección de variedades resistentes, la rotación de cultivos, el mantenimiento de la biodiversidad y el control biológico mediante depredadores naturales. La monitorización constante permite intervenciones precisas y selectivas, reduciendo la necesidad de tratamientos masivos y poco específicos.

Los beneficios económicos se traducen en múltiples dimensiones. La disminución de gastos en agroquímicos, la menor probabilidad de desarrollar resistencias en plagas, y el mantenimiento de la productividad agrícola generan un modelo de gestión más rentable. Estudios demuestran que las explotaciones que implementan MIP pueden reducir hasta un 70% los costos asociados al control de plagas, manteniendo niveles de producción equivalentes o superiores.

La implementación exitosa del MIP requiere capacitación especializada de agricultores, desarrollo de capacidades técnicas y un cambio cultural en la percepción del manejo agrícola. No se trata simplemente de reemplazar un producto por otro, sino de adoptar una filosofía sistémica de gestión agrícola que priorice el equilibrio ecológico.

Las evidencias científicas respaldan consistentemente la efectividad del MIP. Investigaciones realizadas en diversos contextos agrícolas latinoamericanos demuestran mejoras sustanciales en la sostenibilidad de los sistemas productivos, reducción de impactos ambientales negativos y mantenimiento de la competitividad económica.

La transición hacia el MIP no es solo una opción técnica, sino una necesidad estratégica para construir sistemas agrícolas resilientes frente a los desafíos del cambio climático, la pérdida de biodiversidad y la creciente demanda alimentaria global. Representa un modelo de gestión que integra conocimiento científico, prácticas tradicionales y principios de conservación ambiental.

Las herramientas de monitoreo y evaluación de resultados representan un componente fundamental en la implementación efectiva de la Agricultura de Conservación, permitiendo a los agricultores comprender el impacto real de sus estrategias sostenibles. Estos procesos no solo proporcionan información detallada sobre el desempeño de las prácticas agrícolas, sino que también ofrecen una visión integral de la transformación del ecosistema agrícola.

El monitoreo sistemático implica la recolección periódica de datos mediante indicadores clave que reflejan la salud del suelo, la biodiversidad, la eficiencia hídrica y la productividad del sistema. Entre estos indicadores se encuentran: la densidad y estructura del suelo, el contenido de materia orgánica, la población de microorganismos, la retención de humedad, la cobertura vegetal y los rendimientos de los cultivos.

Las metodologías de evaluación pueden clasificarse en cuantitativas y cualitativas. Las cuantitativas se basan en mediciones precisas y análisis estadísticos, utilizando herramientas como sensores remotos, drones, sistemas de información geográfica y análisis de laboratorio. Por ejemplo, los sensores de humedad del suelo permiten monitorear la retención de agua con precisión milimétrica, mientras que los análisis de biomasa revelan la evolución de la biodiversidad en el sistema agrícola.

Las evaluaciones cualitativas, por su parte, incorporan la percepción y experiencia de los agricultores, reconociendo su conocimiento local como un elemento valioso. Las metodologías participativas, como los talleres y diagnósticos comunitarios, facilitan la recopilación de información sobre cambios observados, adaptaciones realizadas y percepciones sobre la efectividad de las prácticas implementadas.

La evaluación del impacto económico es igualmente crucial. Se analizan variables como la reducción de costos en insumos, el incremento de la productividad, la disminución de pérdidas por erosión o degradación del suelo, y la estabilidad de los rendimientos a largo plazo. Estos análisis económicos demuestran que la Agricultura de Conservación no solo tiene beneficios ambientales, sino también potenciales beneficios financieros para los productores.

Las tecnologías digitales están transformando el monitoreo agrícola. Las aplicaciones móviles y plataformas especializadas permiten a los agricultores registrar datos, analizar tendencias y recibir recomendaciones personalizadas. La integración de inteligencia artificial y aprendizaje automático facilita predicciones más precisas sobre el comportamiento de los sistemas agrícolas.

Es fundamental establecer líneas base antes de implementar las prácticas de Agricultura de Conservación. Estos puntos de referencia inicial permiten realizar comparaciones posteriores y medir con precisión los cambios experimentados. Se recomienda documentar detalladamente las condiciones originales del suelo, la biodiversidad, los rendimientos y los costos de producción.

La periodicidad del monitoreo varía según los objetivos y características del sistema agrícola. Algunas evaluaciones pueden ser anuales, mientras que otras requieren seguimientos trimestrales o incluso mensuales. La clave es mantener una continuidad que permita observar las transformaciones graduales del ecosistema.

Los resultados del monitoreo no solo sirven para evaluar el desempeño, sino también para realizar ajustes y mejoras continuas. La flexibilidad y capacidad de adaptación son principios fundamentales en la Agricultura de Conservación, donde cada sistema es único y requiere un enfoque personalizado.

La documentación rigurosa de estos procesos facilita el intercambio de conocimientos entre agricultores, investigadores y extensionistas, contribuyendo a la construcción colectiva de saberes sobre prácticas agrícolas sostenibles.

Capítulo 7 - Monitoreo y Evaluación de Resultados

Fuente: Una revisión de tecnologías disruptivas y su impacto en la producción agrícola. Horticultura y Poscosecha (2023)

En la era de la agricultura sostenible, el monitoreo y la evaluación de resultados se han convertido en componentes fundamentales para comprender el verdadero impacto de las estrategias implementadas. La medición sistemática no solo permite cuantificar los beneficios ambientales y económicos, sino que también proporciona información crítica para la toma de decisiones y la mejora continua de las prácticas agrícolas.

Las herramientas de evaluación modernas integran múltiples indicadores que van más allá de la simple productividad. Se consideran aspectos como la salud del ecosistema, la resiliencia del suelo, la biodiversidad, el uso eficiente de recursos hídricos y la huella de carbono. Esta visión holística permite a los agricultores comprender el alcance real de sus intervenciones.

Para un análisis comprehensivo, se requieren metodologías que combinen técnicas cuantitativas y cualitativas. Los indicadores cuantitativos incluyen mediciones como:

1. Cambios en la estructura y composición del suelo

2. Niveles de materia orgánica

3. Tasas de infiltración de agua

4. Rendimiento de cultivos

5. Uso de insumos externos

6. Emisiones de gases de efecto invernadero

Los indicadores cualitativos, por su parte, evalúan aspectos como:

- Percepción de los agricultores

- Cambios en prácticas tradicionales

- Impacto social y económico

- Adaptación a condiciones cambiantes

Las tecnologías digitales han revolucionado el proceso de monitoreo. Herramientas como sistemas de información geográfica (SIG), sensores remotos y aplicaciones móviles permiten recopilar datos precisos en tiempo real. Los drones, por ejemplo, facilitan el mapeo detallado de parcelas, identificando variaciones microclimáticas y estados de salud de cultivos.

La evaluación económica considera no solo la rentabilidad inmediata, sino también los beneficios a largo plazo. Se analizan aspectos como:

- Reducción de costos de insumos

- Mejora en la fertilidad del suelo

- Disminución de gastos en control de plagas

- Potencial de certificaciones y bonos de carbono

- Resiliencia ante eventos climáticos extremos

Los modelos de análisis económico incorporan conceptos de valoración de servicios ecosistémicos, reconociendo que el valor de la agricultura sostenible va más allá de los rendimientos tradicionales.

La implementación efectiva de estas evaluaciones requiere:

- Capacitación técnica

- Protocolos estandarizados

- Colaboración interdisciplinaria

- Inversión en tecnología

- Compromiso de largo plazo

Las instituciones académicas, organizaciones gubernamentales y asociaciones de agricultores juegan un papel crucial en el desarrollo de marcos de evaluación adaptados a diferentes contextos locales y regionales.

El monitoreo continuo no solo mide resultados, sino que se convierte en una herramienta de aprendizaje y transformación. Permite ajustar estrategias, identificar áreas de mejora y demostrar el potencial real de la agricultura de conservación como una alternativa sostenible y productiva.

Las tendencias actuales en agricultura de conservación revelan un panorama esperanzador y desafiante para las próximas décadas. La transformación de los sistemas agrícolas tradicionales hacia modelos más sostenibles y resilientes se perfila como una respuesta necesaria frente a los desafíos del cambio climático y la creciente demanda alimentaria global.

La evolución tecnológica juega un papel fundamental en este proceso. La agricultura de precisión, apoyada en herramientas como sensores remotos, inteligencia artificial y sistemas de monitoreo geoespacial, permitirá una optimización sin precedentes de los recursos. Estas tecnologías facilitarán la toma de decisiones basada en datos precisos sobre condiciones específicas de cada parcela, reduciendo significativamente el desperdicio de recursos y mejorando la eficiencia productiva.

La adaptación a las condiciones locales será un elemento crítico. Cada región requerirá estrategias particulares que consideren sus características ambientales, socioculturales y económicas. Esto implica desarrollar modelos de agricultura de conservación contextualmente relevantes, que no solo aumenten la productividad, sino que también preserven la biodiversidad y fortalezcan la resiliencia de los sistemas agrícolas.

La educación y la transferencia de conocimientos emergen como componentes esenciales para la masificación de estas prácticas. Las universidades, centros de investigación y organizaciones de extensión agrícola tendrán la responsabilidad de generar programas de capacitación que permitan a los agricultores comprender e implementar estas nuevas metodologías.

Los esquemas de incentivos económicos y políticas públicas también serán determinantes. Los gobiernos deberán diseñar marcos regulatorios que promuevan la adopción de prácticas sostenibles, mediante mecanismos como certificaciones, créditos preferenciales y compensaciones por servicios ecosistémicos.

La colaboración internacional será fundamental para enfrentar desafíos globales. El intercambio de conocimientos, tecnologías y experiencias entre diferentes regiones permitirá acelerar la implementación de soluciones innovadoras. Redes de investigadores, agricultores y organizaciones trabajando de manera coordinada multiplicarán el impacto de las estrategias de conservación.

Las comunidades indígenas y campesinas jugarán un rol protagónico, aportando conocimientos tradicionales que complementarán los avances científicos. Su sabiduría ancestral sobre manejo de suelos, biodiversidad y adaptación climática será un recurso invaluable para diseñar sistemas agrícolas más resilientes.

La investigación continua será el motor de la innovación. Se requerirán inversiones significativas en desarrollo tecnológico, con énfasis en cultivos resistentes, sistemas de producción de bajo impacto y estrategias de mitigación y adaptación al cambio climático.

La agricultura de conservación no será solo una práctica productiva, sino un enfoque holístico que integre aspectos ambientales, sociales y económicos. Su éxito dependerá de nuestra capacidad para transformar paradigmas, romper inercias tradicionales y construir un modelo agrícola verdaderamente sostenible.

Capítulo 8 - Futuro de la Agricultura de Conservación

Fuente: La agricultura de conservación contribuye a la recuperación económica de Zimbabwe. (2013)

La agricultura de conservación se encuentra en un punto crítico de transformación, donde la educación y la concientización se convierten en pilares fundamentales para su adopción y expansión sostenible. La transición hacia modelos agrícolas más responsables no depende únicamente de innovaciones tecnológicas, sino principalmente de la comprensión profunda de los agricultores, comunidades y decisores sobre la importancia de estas prácticas.

En la actualidad, la brecha entre el conocimiento técnico y su implementación práctica sigue siendo un desafío significativo. Miles de productores en Latinoamérica aún mantienen métodos tradicionales que degradan sistemáticamente los ecosistemas, desconociendo las consecuencias a largo plazo de sus prácticas agrícolas. Esta realidad demanda estrategias integrales de formación y sensibilización que transformen no solo los procedimientos, sino especialmente la mentalidad de los agricultores.

La educación en agricultura de conservación debe ser multidimensional, abordando aspectos técnicos, ambientales, económicos y sociales. Es fundamental desarrollar programas que no solo transmitan información, sino que generen experiencias significativas que permitan a los agricultores comprender los beneficios directos de implementar estas metodologías. Las escuelas de campo, los programas de capacitación práctica y los proyectos demostrativos se convierten en herramientas estratégicas para este proceso de transformación.

Las universidades, centros de investigación y organizaciones gubernamentales tienen un rol protagónico en este proceso. La generación de conocimiento adaptado a contextos locales, el desarrollo de metodologías participativas y la creación de redes de aprendizaje son fundamentales para impulsar la adopción de prácticas sostenibles. Se requiere un enfoque interdisciplinario que integre saberes tradicionales con innovaciones científicas.

Los jóvenes agricultores representan un segmento clave en esta transformación. Su mayor apertura a nuevas tecnologías, su compromiso ambiental y su capacidad de adaptación los posicionan como agentes de cambio. Los programas educativos deben diseñarse considerando sus particularidades, utilizando metodologías digitales, herramientas interactivas y narrativas que conecten con sus expectativas de desarrollo profesional y personal.

Las tecnologías de información y comunicación juegan un papel revolucionario en la democratización del conocimiento agrícola. Plataformas digitales, aplicaciones móviles, webinars y contenidos multimedia permiten llevar información especializada incluso a zonas rurales más remotas. La conectividad se transforma así en un puente fundamental para reducir brechas de conocimiento y promover prácticas sostenibles.

La concientización debe trascender el ámbito rural y convertirse en un movimiento social más amplio. Es necesario generar conciencia en consumidores, políticos y comunidades urbanas sobre el impacto de sus decisiones en los sistemas alimentarios. La agricultura de conservación no es únicamente una práctica agrícola, sino una filosofía de relacionamiento con el territorio y los recursos naturales.

Los gobiernos tienen la responsabilidad de diseñar políticas públicas que incentiven la educación y adopción de estas prácticas. Esto implica no solo programas de capacitación, sino también mecanismos de financiamiento, certificación de buenas prácticas y apoyo técnico continuo a los productores que busquen transformar sus sistemas agrícolas.

La cooperación internacional y los organismos de desarrollo pueden ser catalizadores importantes en este proceso, facilitando intercambios de experiencias, recursos técnicos y apoyo financiero para implementar programas educativos innovadores en diferentes contextos latinoamericanos.

El futuro de la agricultura de conservación dependerá directamente de nuestra capacidad colectiva para educar, inspirar y empoderar a las comunidades rurales en la construcción de sistemas alimentarios más resilientes, equitativos y sostenibles.

En el horizonte de la agricultura sostenible, la visión de un futuro más resiliente y adaptable se va configurando como una necesidad imperiosa para garantizar la seguridad alimentaria global. La Agricultura de Conservación emerge como una respuesta estratégica a los desafíos complejos que enfrentan los sistemas productivos, donde la innovación tecnológica y el conocimiento tradicional convergen para transformar fundamentalmente nuestra relación con los ecosistemas agrícolas.

Las tendencias actuales revelan una transformación profunda en la manera en que concebimos la producción agrícola. Ya no se trata únicamente de maximizar rendimientos, sino de construir sistemas productivos que sean verdaderamente sostenibles, capaces de adaptarse a condiciones climáticas cambiantes y preservar la integridad de los recursos naturales.

Un elemento crucial en este proceso evolutivo es la educación y concientización. Los agricultores ya no pueden ser vistos como simples ejecutores de técnicas, sino como gestores ecosistémicos con un rol fundamental en la conservación ambiental. La transferencia de conocimientos, el desarrollo de capacidades y la generación de espacios de diálogo interdisciplinario se tornan herramientas estratégicas para impulsar la adopción de prácticas conservacionistas.

Las nuevas generaciones de agricultores están emergiendo con una comprensión más holística de la producción agrícola. Integran tecnologías de precisión, datos satelitales, sensores de suelo y herramientas digitales que les permiten tomar decisiones más informadas y eficientes. La agricultura de conservación ya no es una opción marginal, sino una necesidad estructural para garantizar la sostenibilidad de los sistemas alimentarios.

Los retos futuros son significativos. El cambio climático, la pérdida de biodiversidad, la degradación de suelos y la creciente demanda alimentaria global requieren respuestas innovadoras. La Agricultura de Conservación se posiciona como un enfoque integral que trasciende las prácticas tradicionales, promoviendo una visión sistémica donde cada intervención considera las complejas interacciones entre suelo, agua, biodiversidad y actividad productiva.

La investigación científica juega un papel fundamental en este proceso de transformación. Los centros académicos y las instituciones especializadas están desarrollando protocolos cada vez más sofisticados para comprender y potenciar los mecanismos ecológicos que sustentan una agricultura verdaderamente sostenible.

Las políticas públicas también están siendo reconfiguradas para incentivar y facilitar la transición hacia modelos productivos más resilientes. Subsidios, programas de capacitación, líneas de crédito especializadas y marcos regulatorios están siendo diseñados para acompañar a los productores en este proceso de transformación.

La cooperación internacional se torna un elemento clave, permitiendo el intercambio de experiencias, la transferencia tecnológica y la generación de conocimiento colaborativo entre diferentes regiones y contextos productivos. La Agricultura de Conservación se consolida, así como un lenguaje común para abordar los desafíos globales de la producción alimentaria.

Conclusión

La Agricultura de Conservación se presenta como una respuesta integral y transformadora ante los desafíos críticos que enfrenta la producción agrícola contemporánea. A lo largo de este recorrido, hemos explorado un modelo de producción que no solo busca mantener la productividad, sino también regenerar y preservar los ecosistemas agrícolas.

Los principios fundamentales de esta metodología representan una revolución conceptual en el manejo de la tierra. Más allá de ser una simple técnica agrícola, constituye un enfoque holístico que reconecta al agricultor con los procesos naturales, promoviendo una intervención respetuosa y consciente con el medio ambiente.

Los beneficios demostrados son contundentes: mejora sustancial de la calidad del suelo, optimización de recursos hídricos, aumento de la biodiversidad y mayor resiliencia climática. Cada práctica implementada no solo impacta el espacio inmediato de producción, sino que genera efectos positivos en cascada sobre todo el ecosistema circundante.

La transformación hacia la Agricultura de Conservación no es un camino sencillo. Requiere un compromiso profundo, disposición para aprender continuamente y una visión que trascienda los modelos de producción tradicionales. Los agricultores que han adoptado estas prácticas se convierten en verdaderos custodios del territorio, comprendiendo que su labor va más allá de la producción de alimentos.

Es fundamental reconocer que esta transición necesita un enfoque sistémico. No se trata únicamente de modificar técnicas agrícolas, sino de generar un cambio cultural que involucre a agricultores, investigadores, políticas públicas y comunidades. La educación y la sensibilización juegan un rol crucial en esta transformación.

Las estrategias de conservación del suelo, manejo eficiente del agua, promoción de la biodiversidad y control integrado de plagas no son elementos aislados, sino componentes interconectados de un sistema agrícola regenerativo. Cada acción contribuye a fortalecer la capacidad adaptativa de los ecosistemas productivos.

El monitoreo y la evaluación continua son herramientas fundamentales para comprender el impacto real de estas prácticas. La rigurosidad científica y el registro sistemático de resultados permitirán seguir perfeccionando los modelos de Agricultura de Conservación.

Mirando hacia el futuro, es innegable que este modelo representa una esperanza concreta frente a los desafíos del cambio climático y la seguridad alimentaria. Las nuevas generaciones de agricultores están llamadas a ser protagonistas de esta revolución silenciosa que reimagina nuestra relación con la tierra.

La invitación es clara y urgente: cada agricultor, cada comunidad rural, cada actor vinculado al sector agrícola tiene la responsabilidad de ser parte de esta transformación. La Agricultura de Conservación no es una opción, es un imperativo para garantizar sistemas alimentarios sostenibles y resilientes.

Implementar estas prácticas no significa abandonar el conocimiento tradicional, sino integrarlo con innovaciones científicas y tecnológicas. Es un diálogo permanente entre saberes ancestrales y comprensión ecológica moderna.

El camino está trazado. Las herramientas están disponibles. La motivación surge de la comprensión profunda de nuestra interdependencia con los ecosistemas. Cada hectárea restaurada, cada práctica sostenible implementada, es un paso hacia un futuro agrícola más esperanzador y equilibrado

Recursos y Referencias

A continuación, se presentan recursos y referencias fundamentales para profundizar en el conocimiento de la Agricultura de Conservación, seleccionados cuidadosamente para ofrecer una perspectiva integral y actualizada:

Publicaciones Científicas Destacadas:

- Revista Latinoamericana de Agricultura Sostenible (RLAS)

- Journal of Conservation Agriculture International

- Boletines del Instituto Interamericano de Cooperación para la Agricultura (IICA)

Organizaciones de Referencia:

- Food and Agriculture Organization (FAO)

- Programa Mundial de Conservación de Suelos

- Red Latinoamericana de Agricultura Conservacionista

- Centro Internacional de Mejoramiento de Maíz y Trigo (CIMMYT)

Investigadores y Especialistas Recomendados:

- Dr. Erick Fuentes (Chile) - Experto en sistemas de labranza mínima

- Dra. María Fernanda Rodríguez (Argentina) - Especialista en biodiversidad agrícola

- Dr. Carlos Méndez (México) - Investigador en sistemas de riego sostenible

- Ing. Roberto Sánchez (Colombia) - Pionero en agricultura de conservación tropical

Recursos Digitales:

- Plataforma Digital de Agricultura Sostenible

- Repositorio Digital de Prácticas Agrícolas Conservacionistas

- Banco de Datos Geoespaciales Agrícolas

Publicaciones Técnicas Recomendadas:

- "Agricultura de Conservación: Estrategias para el Siglo XXI"

- "Manual Práctico de Conservación de Suelos"

- "Guía Técnica de Manejo Integrado de Ecosistemas Agrícolas"

Recursos Educativos:

- Cursos online de universidades latinoamericanas

- Webinars especializados en agricultura sostenible

- Material multimedia del Observatorio de Prácticas Agrícolas Innovadoras

Bases de Datos Especializadas:

- Sistema de Información Agrícola Latinoamericano

- Registro Nacional de Experiencias de Agricultura Conservacionista

- Plataforma de Intercambio de Conocimientos Agrícolas

Documentos Internacionales:

- Informes del Panel Intergubernamental de Cambio Climático (IPCC)

- Objetivos de Desarrollo Sostenible de Naciones Unidas

- Protocolos Internacionales de Agricultura Sostenible

Estos recursos representan una selección estratégica que permitirá a investigadores, agricultores y académicos profundizar en los principios y prácticas de la Agricultura de Conservación, fomentando un enfoque multidisciplinario y actualizado.

Apéndice

A continuación, se presenta una selección cuidadosamente curada de recursos y referencias fundamentales para profundizar en el conocimiento de la Agricultura de Conservación:

Guías Técnicas Recomendadas:

1. "Agricultura de Conservación: Manual Práctico" - FAO (Organización de las Naciones Unidas para la Alimentación y la Agricultura)

2. "Técnicas Sostenibles de Manejo de Suelos" - IICA (Instituto Interamericano de Cooperación para la Agricultura)

3. "Resiliencia Agrícola en Ecosistemas Tropicales" - Centro Internacional de Agricultura Tropical (CIAT)

Publicaciones Científicas Relevantes:

- Revista Latinoamericana de Agricultura Sostenible

- Journal of Conservation Agriculture (versión en español)

- Boletín Técnico de Agroecología

Recursos Digitales:

- Plataforma de Conocimientos de Agricultura de Conservación (www.agriculturadeconservacion.org)

- Repositorio Digital de Prácticas Agroecológicas - Red Latinoamericana de Agricultura Sostenible

Instituciones y Centros de Investigación:

- Centro Mundial de Agroforestería

- Programa Colaborativo de Agricultura Sostenible para Pequeños Productores

Documentos Clave:

- Informe Global sobre Prácticas Agrícolas Sostenibles (PNUMA)

- Estrategias de Adaptación Climática en Agricultura - Banco Mundial

Recomendaciones de Expertos:

- Dr. Miguel Altieri - Referente mundial en Agroecología

- Dra. Clara Nicholls - Especialista en Sistemas Agrícolas Resilientes

Cursos y Capacitaciones:

- Diplomado Latinoamericano en Agricultura de Conservación

- Programa de Formación Online de Prácticas Sostenibles

Esta compilación representa una hoja de ruta fundamental para profesionales, investigadores y productores comprometidos con el desarrollo de una agricultura más sostenible, resiliente y adaptada a los desafíos ambientales contemporáneos.

Glosario de Términos

Agricultura de Conservación: Términos Clave

Agroecología: Enfoque científico que integra principios ecológicos con sistemas agrícolas, promoviendo prácticas sostenibles y equilibrio entre producción y conservación ambiental.

Biodiversidad agrícola: Variedad de especies, variedades y ecosistemas involucrados en la producción agrícola, fundamentales para mantener la resiliencia y estabilidad de los sistemas productivos.

Cobertura vegetal: Capa de plantas o residuos vegetales que protegen directamente la superficie del suelo, reduciendo la erosión, conservando la humedad y mejorando las condiciones microclimáticas.

Fertilidad del suelo: Capacidad del suelo para sostener el crecimiento vegetal, determinada por características físicas, químicas y biológicas que permiten un desarrollo óptimo de los cultivos.

Labranza de conservación: Método de preparación del suelo que minimiza su alteración, preservando su estructura, reduciendo la erosión y manteniendo los residuos de cosechas en la superficie.

Manejo integrado de plagas (MIP): Estrategia de control de organismos nocivos que combina métodos biológicos, culturales y químicos, priorizando intervenciones preventivas y sostenibles.

Monocultivo: Sistema de producción agrícola basado en el cultivo de una única especie en un mismo terreno, generalmente asociado con mayor vulnerabilidad ecológica.

Rotación de cultivos: Práctica agrícola que consiste en alternar diferentes especies en un mismo terreno durante distintas temporadas, mejorando la salud del suelo y reduciendo problemas fitosanitarios.

Servicios ecosistémicos: Beneficios que los ecosistemas proporcionan a los seres humanos, como polinización, regulación climática, control de erosión y mantenimiento de la biodiversidad.

Sostenibilidad agrícola: Modelo de producción que busca satisfacer las necesidades alimentarias actuales sin comprometer la capacidad de generaciones futuras para producir alimentos, preservando recursos naturales.

Sistemas agroforestales: Modelos de producción que integran árboles o arbustos con cultivos o ganado, optimizando el uso del territorio y generando múltiples beneficios ambientales y productivos.

Técnicas de conservación: Conjunto de estrategias y prácticas destinadas a preservar la integridad de los recursos naturales, minimizando el impacto de la actividad agrícola en el ecosistema.

Cierre

Querido lector, hemos recorrido juntos un camino fascinante a través de los principios y prácticas de la Agricultura de Conservación, explorando un modelo de producción agrícola que no solo busca garantizar alimentos, sino también regenerar y proteger nuestros ecosistemas.

Lo que comenzó como un viaje de aprendizaje técnico se ha transformado en una invitación profunda a repensar nuestra relación con la tierra. Cada capítulo de este libro no representa únicamente información científica, sino un llamado a la transformación. Un llamado a comprender que cada decisión que tomamos como agricultores, investigadores o consumidores impacta directamente en la salud de nuestro planeta.

La Agricultura de Conservación no es una moda pasajera, es una necesidad imperante. En un mundo donde el cambio climático amenaza nuestra seguridad alimentaria, donde los recursos naturales se degradan a ritmos alarmantes, estas prácticas representan un camino de esperanza. Un camino construido sobre principios de respeto, regeneración y colaboración con los ciclos naturales.

No se trata solo de producir más, sino de producir mejor. Significa entender que la agricultura puede ser una herramienta poderosa de restauración ecológica. Cada hectárea cultivada bajo estos principios es un paso hacia la recuperación de suelos, la conservación del agua, la preservación de la biodiversidad y la mitigación del cambio climático.

El verdadero poder de transformación reside en ustedes: agricultores, comunidades rurales, estudiantes, investigadores. Son ustedes quienes día a día pueden implementar estos conocimientos, experimentar, adaptar y demostrar que otra agricultura es posible. Una agricultura resiliente, productiva y en armonía con los ecosistemas.

Les invito a no ver este libro como un manual cerrado, sino como un punto de partida. Cada contexto es único, cada región tiene sus particularidades. La Agricultura de

Conservación no es un modelo rígido, sino un enfoque flexible que debe ser constantemente reimaginado y adaptado a las condiciones locales.

El camino no será fácil. Requiere paciencia, aprendizaje continuo, disposición para experimentar y, sobre todo, un profundo compromiso ético con la tierra. Pero los beneficios superan ampliamente los desafíos: suelos saludables, mayor productividad, menor dependencia de insumos externos y comunidades agrícolas más resilientes.

Cada uno de ustedes tiene el poder de ser un agente de cambio. Compartan estos conocimientos, inspiren a otros, documenten sus experiencias. La transición hacia una agricultura sostenible es un esfuerzo colectivo que requiere colaboración, apertura y una visión compartida.

El futuro de nuestra alimentación, de nuestros ecosistemas y de las próximas generaciones depende de las decisiones que tomemos hoy. Les extiendo una invitación: sean protagonistas de esta transformación. Juntos, podemos construir un modelo agrícola que alimente al planeta mientras lo protege.

Con profunda convicción y esperanza, les comparto esta guía como una herramienta de cambio, de aprendizaje y de conexión con nuestra tierra.

Printed by Books on Demand GmbH, Norderstedt / Germany